Chemistry Su Do
Volume 2

Periodic Table of the Elements

Atomic weights based on $^{12}C = 12$
(Numbers) = most stable isotope

s - block

p - block

d - block Transition Metals

f - block

* Lanthanide series

Actinide series

Chemistry Su Doku
Volume 2

Compiled by Merlin Fox

With:
Vikki Allen
Sula Armstrong
Janet Freshwater
Adrian Kybett
Lesley Maw
Nicola Nugent
Dave Riddick

RSC Publishing is a not-for-profit publisher and a division of the Royal Society of Chemistry. Any surplus made is used to support charitable activities aimed at advancing the chemical sciences. Full details are available from www.rsc.org

RSCPublishing

The molecule on the front cover is reproduced with the kind permission of Paul E. Kruger from *Dalton Trans.*, 2006, 1277-1284.

ISBN-10: 0-85404-872-3
ISBN-13: 978-0-85404-872-4
ISSN 1749-6640

A catalogue record for this book is available from the British Library

Published by The Royal Society of Chemistry,
Thomas Graham House, Science Park, Milton Road,
Cambridge CB4 0WF, UK

Registered Charity Number 207890

For further information see our web site at www.rsc.org

Printed by Henry Ling Ltd, Dorchester, Dorset, UK

Introduction

Welcome to the 2nd volume of Chemistry Su Doku!

Chemistry Su Doku puzzles are solved in the same way as the numerical puzzles. Use the symbols provided at the start of each section or above the puzzle to complete the grid. The correct composition means each row, column and square in the 9x9 grid contains each of the symbols only once. No chemical knowledge is required, just logic!

This book contains a further 70 puzzles of varying degrees of difficulty with a chemical theme. From chlorine to californium, visit the chemical elements beginning with the letter 'C' in the periodic table; arrange the nine stable isotopes of Xenon and discover how the 'periodic alphabet' has spelt thermodynamics and osmotic pressure within the grids.

Whether you are travelling to conferences or just taking 5 minutes to study caffeine, what are you waiting for? You could be in your element!

Merlin Fox
Compiler

Easy

Elements beginning with C:

Cd	Ca	Cf	Ce	Cs	Cl	Cr	Co	Cu

Symbol	Name	Atomic Number	Class
Cd	cadmium	48	transition metal
Ca	calcium	20	alkaline earth metal
Cf	californium	98	transuranium metal
Ce	cerium	58	lanthanide metal
Cs	caesium	55	alkali metal
Cl	chlorine	17	halogen
Cr	chromium	24	transition metal
Co	cobalt	27	transition metal
Cu	copper	29	transition metal

Easy

Puzzle no 1

Cf	Cr	Co	Cd	Ce	Cu	Cs	Cl	Ca
Cd	Ca	Cu	Cs	Cr	Cl	Ce	Co	Cf
Cs	Cl	Ce	Ca	Cf	Co	Cr	Cd	Cu
Cu	Co	Cd	Cf	Cs	Cr	Cl	Ca	Ce
Cl	Cf	Ca	Ce	Cu	Cd	Co	Cs	Cr
Ce	Cs	Cr	Co	Cl	Ca	Cu	Cf	Cd
Cr	Cd	Cl	Cu	Ca	Cs	Cf	Ce	Co
Co	Cu	Cf	Cl	Cd	Ce	Ca	Cr	Cs
Ca	Ce	Cs	Cr	Co	Cf	Cd	Cu	Cl

Completed – 4/12/06

Easy

Puzzle no 2

Cr			Cu	Cd	Cs	Cl		Ce
	Cf	Cl	Ce	Cr		Cs	Ca	Cd
Cs	Ce	Cd	Cl					
Cd	Co	Ce	Cr					
	Cr			Ce			Cd	
					Cd	Ce	Cf	Cr
		Cd		Ce				Cu
Ce	Cu	Cr		Co		Cd	Cl	
Ca	Cd	Cr	Cf	Cu	Cr		Ce	

Easy

Puzzle no 3

			Cf	Cr	Cd	Cl		Cu
Cl	Cu			Cs				
							Cs	
Ca			Cu	Ce				
		Co	Cl		Cf	Ce		
			Cs	Ca				Cl
	Ca							
				Co			Cu	Cf
Cf		Ce	Cr	Cl	Cu			

Easy

Puzzle no 4

			Ce	Cl		Cf		Cs
						Cl		Cd
	Cf				Cs		Ca	Cu
	Cl					Cr		
Co			Cr		Cf			Cl
		Ca					Ce	
Ce	Cu		Co				Cs	
Cd		Co						
Cl		Cf		Cs	Ce			

Easy

Puzzle no 5

Co		Cf						Cr
	Ce		Cl	Cd		Cf		
							Cd	
			Cs		Cr		Cu	
	Co	Cr				Ce	Ca	
	Cf		Cd		Ce			
	Cr							
		Ca		Cu	Cf		Cr	
Cf						Cl		Co

Easy

Puzzle no 6

Ca			Cl	Cu	Cr			
					Cf	Cl	Ce	
	Cu				Cd			Cs
Ce	Co			Cl			Cd	
Cd								Ca
	Cs			Ca			Co	Cl
Co			Cu				Cl	
	Cf	Ce	Co					
			Cf	Cd	Cl			Ce

Easy

Puzzle no 7

					Cd			Cs
	Ce		Co					
		Ca	Cs	Cl			Cu	Cr
	Cs			Cf		Cl		
	Cl						Ca	
		Cf		Ca			Cr	
Ce	Cu			Cd	Co	Cf		
					Cr		Cl	
Co			Cu					

Easy

Puzzle no 8

	Ca				Cl			
			Ce			Cr		
	Co		Cu	Cd				Cl
Cu				Ca	Cf			Co
	Ce						Cf	
Cf			Cr	Cl				Cd
Cs				Ce	Cu		Cl	
		Cd			Cr			
			Cl				Cd	

Easy

Puzzle no 9

Co			Cl	Cu				Cd
		Cd	Cs			Ca	Ce	
Cs				Cf				
		Ce				Co		Cl
			Co		Cf			
Ca		Co				Cu		
				Ce				Ca
	Ca	Cf			Cu	Cd		
Ce				Ca	Cl			Cr

Easy

Puzzle no 10

	Co		Cr	Ce		Ca		
		Cs						Cf
Cr							Cu	
Cl			Ce		Cf	Cd	Cr	
	Ca	Ce				Cl	Cf	
	Cr	Cd	Cu		Cl			Ce
	Cd							Ca
Cu					Ce			
		Cr		Cu	Cd		Co	

Easy

Puzzle no 11

Cd					Cf			
		Ca		Cu		Cs	Cf	
Cu			Ce					
Co	Cf		Cr			Ce	Cl	
	Cu						Ca	
	Cd	Ce			Cs		Cu	Cf
					Cl			Co
	Cr	Cd		Cf		Ca		
			Cd					Cr

Easy

Puzzle no 12

Ca			Ce			Cd	Cs	
Cu		Cl			Cs		Co	
Cs		Cr		Cd				
	Cr	Cs		Ca				Cl
Ce				Cl		Ca	Cd	
				Cf		Cu		Ce
	Cu		Cd			Cs		Cf
	Cs	Cf			Cu			Cd

Easy

Puzzle no 13

				Ca		Co		Cr
Cd							Cl	
	Cr			Cs	Cl		Cd	Cf
		Co	Cs					
Cf	Ca						Cr	Co
					Cf	Ca		
Ca	Cs		Cl	Ce			Cf	
	Cd							Cl
Cu		Cf		Cd				

Easy

Puzzle no 14

		Cu	Co				Ca	
Ca	Co				Cs			
	Cf				Ce	Cr		
	Ca			Cs			Co	Cf
Cs	Cd			Cu			Ce	
		Ca	Cd				Cl	
			Ca				Cf	Cr
	Ce				Cf	Cd		

Easy

Puzzle no 15

		Ce	Ca			Cr		
Cu				Ce				
Co	Cr	Cs						Cl
	Cf		Co				Ce	Ca
			Cl		Ce			
Cd	Ce				Cf		Cr	
Ca						Cd	Cu	Cr
				Cu				Cs
		Cu			Ca	Co		

Easy

Puzzle no 16

			Cd	Cu	Cr	Cs	Co	
					Cl	Cd		
Co			Cs	Ce				Ca
Cl	Ce	Ca						
Cs								Co
						Ce	Cu	Cl
Cr				Cd	Cs			Cu
		Co	Ce					
	Cs	Cu	Cf	Cr	Co			

Easy

Puzzle no 17

	Cu			Cl				
Cl				Co	Ca			
Ca		Co		Cd	Cf			
Ce	Ca	Cu					Cl	
Cd								Ce
	Co					Cd	Cu	Cf
			Cr	Cs		Cf		Cu
			Cl	Ce				Cr
				Ca			Ce	

Easy

Puzzle no 18

		Cd	Cu					Cr
	Cu			Cf		Cl		
		Ca	Ce		Cr	Cu		
					Cd	Cr		
	Cs		Ca		Cu		Cd	
		Ce	Cl					
		Cs	Cr		Ce	Cf		
		Cr		Ca			Cl	
Cf					Cs	Ca		

Easy

Puzzle no 19

Cr				Cf			Ce	
				Cd				
		Cs				Co	Ca	
	Cu				Ce	Ca		Cl
	Ce					Cu		
Cs		Cf	Cl			Cd		
	Cl	Cd			Cu			
				Cs				
	Ce			Cl				Cu

Easy

Puzzle no 20

		Co	Cs					
	Cd	Cs						Cf
	Ca				Co	Cs		Cu
				Cf	Ca			
	Cf	Cd	Cu		Cs	Ce	Cr	
			Ce	Co				
Cf		Cl	Co				Cs	
Ce						Cu	Cd	
				Cu	Cl			

Easy

Puzzle no 21

		Cs	Cf			Co	Cu	
			Cs					
	Cl				Ca	Cs		
	Cf				Cd		Cl	Co
	Cu						Cd	
Cl	Cs		Co				Cf	
		Ce	Cu				Ca	
					Cf			
	Co	Ca			Cr	Ce		

Easy

Puzzle no 22

Cs	Cf	Cr	Cl		Ca			
	Cu	Cd	Cs				Ce	
Ca							Cl	
		Co		Cl		Cf	Cu	
	Cs						Cr	
	Cl	Cu		Cr		Cd		
	Cd							Cr
	Cr				Cd	Cl	Ca	
			Cr		Cl	Cs	Cd	Cu

Easy

Puzzle no 23

		Cl	Cs					
		Cf		Ca	Co			
Cd			Cu	Cl		Co	Ca	
		Cd		Ce	Ca	Cu		
	Cr						Co	
		Ca	Cr	Cs		Cd		
	Cl	Cs		Cf	Ce			Co
			Ca	Co		Ce		
					Cu	Cs		

Easy

Medium

Thermodynamics:

The science of heat (from the Greek *thermos*) relating to other forms of energy (Greek *dynamis*, power).

Th	Er	Mo	Dy	N	Am	I	C	S

Here the word is synthesised using element symbols:

Symbol	Name	Atomic Number	Class
Th	thorium	90	actinide metal
Er	erbium	68	lanthanide metal
Mo	molybdenum	42	transition metal
Dy	dysprosium	66	lanthanide metal
N	nitrogen	7	non metal
Am	americium	95	transuranium metal
I	iodine	53	halogen
C	carbon	6	non metal
S	sulfur	16	non metal

Medium

Medium

Puzzle no 24

		S	I					Mo
	Dy					Er		
					C		Am	Th
		I			S			Er
	Er	C		Th		Mo	N	
S			Dy			Am		
Er	C		Mo					
		Th					Er	
I					Dy	Th		

Medium

Puzzle no 25

Er					Th			S
		Th		S				
Mo	I				N	Dy		
	Mo			Th	Er			Dy
I			C	Dy			N	
		Am	Th				Mo	Er
				C		S		
Th			N					Am

Medium

Puzzle no 26

	Er		C			Am	Th	
Am				N	S			
	C							S
	Mo		Dy	I				
	S						C	
			Th	C			I	
Mo							S	
			Er	Am				Th
	N	C			I		Am	

Medium

Puzzle no 27

	Am				I			Dy
				Mo				Th
Er		S				Mo		
		N	Dy		Mo			
Mo			C		S			N
			I		Th	S		
		Er				Am		Mo
Am				Dy				
Dy			Th				Er	

Medium

Puzzle no 28

		I			C		S	
			N	Dy		Th		Er
S			Am					N
				Er		I		
Er		N				S		Mo
		Mo		S				
Th				Am				I
Dy		Am		N	Er			
	C		S			Am		

Medium

Puzzle no 29

Am			N					
	N	Mo					C	Dy
S					C		Am	
Mo	Am		C				Th	
		Dy		S		I		
	S				Am		Dy	Mo
	Mo		Th					C
I	Er					Dy	Mo	
					Mo			Th

Medium

Puzzle no 30

		Th					N	Mo
			Dy		S		I	
S		Er						
		Am			I	Mo		N
			Er		Dy			
C		I	Am			Dy		
						N		S
	Th		C		Mo			
I	Mo					C		

Medium

Puzzle no 31

C		Am		Er				
	Th				I			
I						Mo		Dy
			S				C	Er
		Er		Am		I		
Am	Mo			Th				
Er		Th						Mo
			S				I	
				N		S		C

Medium

Puzzle no 32

		C						
Er	Mo	Th		Dy			C	
			Mo	S	Er			Th
Dy				N	C			
S	N						I	Dy
			Mo	S				Er
Am		S	Th	C				
	Th			Er		I	S	Am
						Th		

Medium

Puzzle no 33

	S	Mo	Dy				C	
	Am				Mo			S
Dy			S	N				I
		S					I	
C			N		I			Mo
	I					S		
Er				C	S			N
I			Er				S	
	C				N	Am	Mo	

Medium

Puzzle no 34

Mo				Dy		Er	S	
	I		S			C	Mo	
					I			Am
C				I		Mo		
			N		C			
		N		Mo				Dy
N			Th					
	S	Dy			Mo		Am	
	Mo	Er		C				S

Medium

Puzzle no 35

		Mo			Er	C		S
	N			Dy	Am	Th		
			Th					
Dy			N	Er				
N								Am
			Am	S				Mo
			S					
		Er	C	Mo			N	
Am		Dy	Er			S		

Medium

Puzzle no 36

Mo					Am			N
			Er			I		
	Th		N		I		C	
S				N		Dy		
	Dy	Mo				C	N	
		N		Mo				Th
	I		Dy		N		Th	
		Am			S			
Er			Mo					Am

Medium

Puzzle no 37

				Th		Am		
Am	Er			I	S		C	
		Th				N		Er
C		S						
			Th		N			
						I		Dy
Mo		Er				S		
	I		Dy	Er			Am	C
		C	Am					

Medium

Puzzle no 38

Dy	S	Mo		N				
		Am			Th	I	Dy	
		Th		Dy				
I		C			Mo	S		
			N		S			
		S	C			Er		Dy
				I		C		
	Th	Dy	S			Mo		
				Mo		Dy	Am	N

Medium

Puzzle no 39

	C		Dy	I				Er
					C			Mo
		Mo		Er	Th			
	Er			N	S	Am	Dy	
	S						N	
	N	Dy	I	Th			Er	
		C	S		I			
Er			Am					
N				Er	Mo		I	

Medium

Puzzle no 40

Th		N		C				S
S		Er						
	Dy					Er	I	
		S					C	
	C		Am		I		Th	
	N					Am		
	S	Mo					Am	
						I		N
C				S		Mo		Er

Medium

Puzzle no 41

		Am			N			S
		I						
C	Mo	Dy			Er		N	
	Dy				Th		Mo	
		Er	I		S	N		
	N		C				Er	
	I		Mo			Am	Th	N
						Er		
Dy			N			I		

Medium

Puzzle no 42

						N		I
				I	Er		C	Mo
		Mo		C	Am	Th		
	S		Th		Am			
Th			Er					C
			I		S		Er	
	N	S	C		I			
Er	C		S	Dy				
I		Am						

Medium

Puzzle no 43

Er			Th	N		Mo		
Mo	C							
N			Am		Mo			Dy
	Th		N					
	N	Mo				Er	C	
					Er		Th	
S			I		N			Th
							Dy	I
		Dy		Am	Th			Er

Medium

Puzzle no 44

	Mo	C	S	I				
		Dy	N		Th			
Th			C		Dy	N		
		Am				Er		
I		S				C		Am
	N				I			
		Th	I		S			Mo
			Th		C	Am		
				Am	Er	Th	S	

Medium

Puzzle no 45

		N	I			Mo	S	
		Mo	Th		C			Dy
		I						C
				S				Th
		S	C		Mo	Dy		
Dy				N				
N						I		
S			Mo		Am	C		
	Am	Er			N	Th		

Medium

Puzzle no 46

	Th							Dy
	Am	Mo		Dy				
	Dy		Th	Am	Er		I	
Th					S		Am	
C								Er
	Mo		Er					S
	S		Am	Er	N		C	
				I		Er	S	
N							Th	

Medium

Hard

Osmotic Pressure:

The pressure produced by a solution in a space enclosed by a semi-permeable membrane, which will allow certain molecules or ions to pass through it by diffusion.

Here the phrase is synthesised using element symbols:

Os	Mo	Ti	C	Pr	Es	S	U	Re

Symbol	Name	Atomic Number	Class
Os	osmium	76	transition metal
Mo	molybdenum	42	transition metal
Ti	titanium	22	transition metal
C	carbon	6	non metal
Pr	praseodymium	59	lanthanide metal
Es	einsteinium	99	transuranium metal
S	sulfur	16	non metal
U	uranium	92	actinide metal
Re	rhenium	75	transition metal

Hard

Hard

Puzzle no 47

	Re			Os	Es		U	
			Ti			S		C
U				C			Re	
			Pr	Mo				
Pr	Es						Mo	Os
			Es	S				
	Os			U				Mo
S		Ti			C			
	U		Os	Es			S	

Hard

Puzzle no 48

		S						Os
			Mo	C			S	
Es		Re		U			Ti	
	U				Ti			Es
Re			Es				Pr	
	Ti			Pr		C		Re
	C			Re	U			
Pr						S		

Hard

Puzzle no 49

Os						S		
	Mo				U			Pr
Ti				Es			U	Re
					Es		Pr	U
			S		Mo			
U	C		Os					
Es	Re			Mo				Os
Pr			Ti				Es	
		Os						S

Hard

Puzzle no 50

				U	Os	Es		
			Ti				Mo	
		Os	C		Es			
Os				Pr	S	Mo		Re
S		C	Mo	Ti				Pr
			Es		Mo	Ti		
	Re				U			
		Es	Re	Os				

Hard

Puzzle no 51

		Ti			Pr		
Re		Es	S		C	Os		
			U					Es
	Re	Ti	C	S				
Es								Os
			Ti	Os	Re	S		
Pr			Es					
		U	Pr		S	Es		C
		Mo			Ti			

Hard

Puzzle no 52

U	Mo		Es				S	Re
	S			Ti		Os		
			C		S		Es	
			S			C		
	Es	Mo				Re	Os	
		S			Mo			
	C		Os		Pr			
		U		Mo			Pr	
S	Re				C		Ti	Os

Hard

Puzzle no 53

		Pr			Re	U	Mo	
				Ti		Pr		
	Mo		Pr					S
	C					Re		Ti
Ti	Re			C			Os	U
S		U					C	
Os					Es		S	
		Ti		Mo				
	Es	Re	U			Os		

Hard

Puzzle no 54

					Pr	C		U
				S	Ti		Mo	
		Pr						Os
Es						S		Pr
Mo	Os						Es	Ti
Pr		Ti						Mo
Ti						Re		
	U		Es	Ti				
S		Os	Re					

Hard

Puzzle no 55

C	Re			Mo	Ti		Os	
		Es						
	Os		Es		Pr		Mo	Re
Re							Es	
	Mo	Os				U	Re	
	Es							Ti
U	S		Os		Mo		Ti	
						Pr		
	Pr		Ti	S			U	Mo

Hard

Puzzle no 56

Pr					Re		Ti	
		C		Os				
S		Es		Pr	U	Re		
Ti		Pr			Os		C	
	Mo		S			Os		Pr
		Mo	Re	U		Ti		Os
				Es		C		
	U		Os					S

Hard

Puzzle no 57

Es				S	Re			Os
	Re						U	
			Pr	C				S
	S				C			
		C		Pr		Mo		
			Os				C	
Re				U	S			
	Es						Mo	
Os			Mo	Es				U

Hard

Puzzle no 58

	Pr				Es	Re		U
Es		Re				Os		C
							Pr	
			Ti	U	S			
Ti			Os		Mo			Pr
		Os	S	Es				
	Re							
U		S				Pr		Re
Os		C	Ti				S	

Hard

Puzzle no 59

Mo		Os		S			U	
	Pr	U				Es		
	Es			Re	U			
					Re	S	Es	Ti
Es	Re	Ti	Os					
			S	U			Ti	
		Pr				U	Mo	
	Os			Mo		C		Pr

Hard

Puzzle no 60

S		U	Mo					
	Os			Pr				
	Pr				Re		Ti	S
			Re		S	Os	Mo	
Os								Ti
	C	Ti	Pr		Os			
Es	Re		Ti				C	
				S			Re	
					U	Ti		Pr

Hard

Puzzle no 61

					Pr	C		
C				Es		Os		U
			S				Mo	Re
					S	Re		Mo
	S	U				Es	C	
Es		C	Pr					
Re	U				Es			
Ti		Mo		U				Es
		Es	C					

Hard

Puzzle no 62

	Re					Ti	Os	
Os			C	Re				
						Es	Mo	
C						Mo	Es	
		Os	Mo		Re	Pr		
	S	Mo						U
	Os	C						
			Ti	U				Mo
		S	Es			Pr		

Hard

Puzzle no 63

	U		Pr				Mo	
Mo					Re		Pr	
		Pr			U			Es
	Mo			S	Es	Pr		
		C	Re		Pr	S		
		S	Mo	Ti			U	
Os			Es			Mo		
	Re		S					U
	Ti				C		Es	

Hard

Puzzle no 64

			Es		Mo	Pr	U	
	Re			U				
			S		Ti	Os		
	Os	Re	Mo			S	Pr	
Es								Re
	S	Mo			U	C	Os	
		U	Ti		Pr			
				Mo			C	
	Mo	Pr	C		Es			

Hard

Puzzle no 65

	Ti		U	Pr				
C		Pr			Re			
	U	Re			Mo	Ti		Pr
	S	C						U
	Pr		Es		S		Os	
U						Pr	S	
Pr		U	Os			Mo	Re	
			Mo			C		Os
				Ti	U		Pr	

Hard

Puzzle no 66

Pr			U		Os		Es	
Re						C	Ti	
					Pr		Re	
		Es				Mo		
	Re		C		U		Os	
		Ti			S			
	C		Os					
	Es	Os						Re
	Pr		Re		Es			U

Hard

Puzzle no 67

Pr			C					
		Ti	Es					Os
	Re						Es	
		C	S		Ti	Es		
	Pr	Es	Mo		Re	Ti	Os	
		Mo	Pr		C	S		
	Ti						Pr	
Mo					Es	Os		
					U			Mo

Hard

Puzzle no 68

Pr		U				Es		
					Mo			Os
	Os	Mo			Es	C	U	S
		Es			U	Mo		
			Mo		Os			
		Pr	S			Ti		
Re	Pr	S	Os			U	C	
U			Re					
		Os				S		Re

Hard

Puzzle no 69

	Es			Os				Ti
Os		Pr					C	
		C			Mo	Os		
Es	Pr	Os		Re			Mo	
S								Re
	Re			Pr		Ti	Os	S
		Es	U			C		
	Os					Es		Mo
C				Ti			Pr	

Hard

Isotopes of Xenon:

Xenon (Xe) is found in Group 0 of the periodic table and is one of the noble gases. Xenon is unreactive and is found only as a trace gas in the Earth's atmosphere. Xenon can be extracted from liquid air, but is only present as one part in every twenty million.

Naturally occurring xenon is a mixture of 9 stable isotopes and these are used in puzzle number 70 that follows on the next page. This rare gas has several important uses today. Xenon is used in strobes and lasers giving off a light similar to natural daylight and is also used in anaesthetics.

Discovered in England by Sir William Ramsay and Morris Travers in 1898, the name Xenon comes from the Greek word for 'stranger. Its discovery followed that of krypton and neon only weeks earlier.

Ramsay had earlier discovered argon and helium. He was awarded the Nobel Prize in Chemistry 1904 'in recognition of his services in the discovery of the inert gaseous elements in air, and his determination of their place in the periodic system'.

Hard

The nine stable isotopes of xenon, which you need for this puzzle, are:

^{124}Xe	^{126}Xe	^{128}Xe	^{129}Xe	^{130}Xe	^{131}Xe	^{132}Xe	^{134}Xe	^{136}Xe

Puzzle no 70

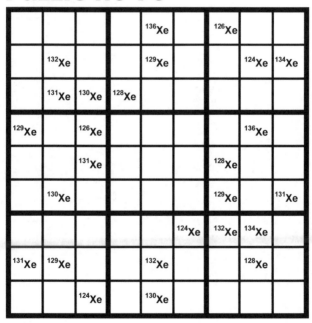

Hard

Solutions

Solution to puzzle no 1

Cf	Cr	Co	Cd	Ce	Cu	Cs	Cl	Ca
Cd	Ca	Cu	Cs	Cr	Cl	Ce	Co	Cf
Cs	Cl	Ce	Ca	Cf	Co	Cr	Cd	Cu
Cu	Co	Cd	Cf	Cs	Cr	Cl	Ca	Ce
Cl	Cf	Ca	Ce	Cu	Cd	Co	Cs	Cr
Ce	Cs	Cr	Co	Cl	Ca	Cu	Cf	Cd
Cr	Cd	Cl	Cu	Ca	Cs	Cf	Ce	Co
Co	Cu	Cf	Cl	Cd	Ce	Ca	Cr	Cs
Ca	Ce	Cs	Cr	Co	Cf	Cd	Cu	Cl

Solution to puzzle no 2

Cr	Cd	Ca	Cu	Cf	Cs	Cl	Co	Ce
Cu	Cf	Cl	Ce	Cr	Co	Cs	Ca	Cd
Cs	Ce	Co	Cl	Ca	Cd	Cf	Cu	Cr
Cf	Co	Ce	Ca	Cd	Cu	Cr	Cs	Cl
Cl	Cr	Cs	Co	Ce	Cf	Cu	Cd	Ca
Cd	Ca	Cu	Cr	Cs	Cl	Ce	Cf	Co
Co	Cs	Cf	Cd	Cl	Ce	Ca	Cr	Cu
Ce	Cu	Cr	Cs	Co	Ca	Cd	Cl	Cf
Ca	Cl	Cd	Cf	Cu	Cr	Co	Ce	Cs

Solutions

Solution to puzzle no 3

Co	Ce	Cs	Cf	Cr	Cd	Cl	Ca	Cu
Cl	Cu	Cf	Ca	Cs	Co	Cd	Ce	Cr
Cd	Cr	Ca	Cu	Ce	Cl	Cf	Cs	Co
Ca	Cl	Cr	Co	Cu	Ce	Cs	Cf	Cd
Cu	Cs	Co	Cl	Cd	Cf	Ce	Cr	Ca
Ce	Cf	Cd	Cs	Ca	Cr	Cu	Co	Cl
Cr	Ca	Cu	Cd	Cf	Cs	Co	Cl	Ce
Cs	Cd	Cl	Ce	Co	Ca	Cr	Cu	Cf
Cf	Co	Ce	Cr	Cl	Cu	Ca	Cd	Cs

Solution to puzzle no 4

Ca	Cd	Cu	Ce	Cl	Cr	Cf	Co	Cs
Cs	Co	Ce	Ca	Cf	Cu	Cl	Cr	Cd
Cr	Cf	Cl	Cd	Co	Cs	Ce	Ca	Cu
Cu	Cl	Cd	Cs	Ce	Co	Cr	Cf	Ca
Co	Ce	Cs	Cr	Ca	Cf	Cd	Cu	Cl
Cf	Cr	Ca	Cl	Cu	Cd	Cs	Ce	Co
Ce	Cu	Cr	Co	Cd	Cl	Ca	Cs	Cf
Cd	Cs	Co	Cf	Cr	Ca	Cu	Cl	Ce
Cl	Ca	Cf	Cu	Cs	Ce	Co	Cd	Cr

Solutions

Solution to puzzle no 5

Co	Cd	Cf	Ca	Ce	Cs	Cu	Cl	Cr
Cr	Ce	Cu	Cl	Cd	Co	Cf	Cs	Ca
Ca	Cs	Cl	Cf	Cr	Cu	Co	Cd	Ce
Cl	Ca	Ce	Cs	Co	Cr	Cd	Cu	Cf
Cd	Co	Cr	Cu	Cf	Cl	Ce	Ca	Cs
Cu	Cf	Cs	Cd	Ca	Ce	Cr	Co	Cl
Cs	Cr	Co	Ce	Cl	Cd	Ca	Cf	Cu
Ce	Cl	Ca	Co	Cu	Cf	Cs	Cr	Cd
Cf	Cu	Cd	Cr	Cs	Ca	Cl	Ce	Co

Solution to puzzle no 6

Ca	Ce	Cs	Cl	Cu	Cr	Cd	Cf	Co
Cr	Cd	Co	Ca	Cs	Cf	Cl	Ce	Cu
Cf	Cu	Cl	Ce	Co	Cd	Ca	Cr	Cs
Ce	Co	Ca	Cr	Cl	Cu	Cs	Cd	Cf
Cd	Cl	Cr	Cs	Cf	Co	Ce	Cu	Ca
Cu	Cs	Cf	Cd	Ca	Ce	Cr	Co	Cl
Co	Ca	Cd	Cu	Ce	Cs	Cf	Cl	Cr
Cl	Cf	Ce	Co	Cr	Ca	Cu	Cs	Cd
Cs	Cr	Cu	Cf	Cd	Cl	Co	Ca	Ce

Solutions

Solution to puzzle no 7

Cl	Cr	Co	Cf	Cu	Cd	Ca	Ce	Cs
Cu	Ce	Cs	Co	Cr	Ca	Cd	Cf	Cl
Cf	Cd	Ca	Cs	Cl	Ce	Co	Cu	Cr
Ca	Cs	Ce	Cr	Cf	Cu	Cl	Co	Cd
Cr	Cl	Cu	Cd	Co	Cs	Ce	Ca	Cf
Cd	Co	Cf	Ce	Ca	Cl	Cs	Cr	Cu
Ce	Cu	Cr	Cl	Cd	Co	Cf	Cs	Ca
Cs	Cf	Cd	Ca	Ce	Cr	Cu	Cl	Co
Co	Ca	Cl	Cu	Cs	Cf	Cr	Cd	Ce

Solution to puzzle no 8

Ce	Ca	Cs	Cf	Cr	Cl	Cd	Co	Cu
Cd	Cl	Cu	Ce	Cs	Co	Cr	Ca	Cf
Cr	Co	Cf	Cu	Cd	Ca	Cs	Ce	Cl
Cu	Cd	Cl	Cs	Ca	Cf	Ce	Cr	Co
Ca	Ce	Cr	Co	Cu	Cd	Cl	Cf	Cs
Cf	Cs	Co	Cr	Cl	Ce	Ca	Cu	Cd
Cs	Cf	Ca	Cd	Ce	Cu	Co	Cl	Cr
Cl	Cu	Cd	Ca	Co	Cr	Cf	Cs	Ce
Co	Cr	Ce	Cl	Cf	Cs	Cu	Cd	Ca

Solutions

Solution to puzzle no 9

Co	Cr	Ca	Cl	Cu	Ce	Cs	Cf	Cd
Cf	Cl	Cd	Cs	Cr	Co	Ca	Ce	Cu
Cs	Ce	Cu	Ca	Cf	Cd	Cr	Cl	Co
Cd	Cf	Ce	Cu	Cs	Ca	Co	Cr	Cl
Cr	Cu	Cl	Co	Cd	Cf	Ce	Ca	Cs
Ca	Cs	Co	Ce	Cl	Cr	Cu	Cd	Cf
Cu	Cd	Cr	Cf	Ce	Cs	Cl	Co	Ca
Cl	Ca	Cf	Cr	Co	Cu	Cd	Cs	Ce
Ce	Co	Cs	Cd	Ca	Cl	Cf	Cu	Cr

Solution to puzzle no 10

Cd	Co	Cf	Cr	Ce	Cu	Ca	Cs	Cl
Ca	Cu	Cs	Cl	Cd	Co	Cr	Ce	Cf
Cr	Ce	Cl	Cs	Cf	Ca	Co	Cu	Cd
Cl	Cs	Cu	Ce	Ca	Cf	Cd	Cr	Co
Co	Ca	Ce	Cd	Cs	Cr	Cl	Cf	Cu
Cf	Cr	Cd	Cu	Co	Cl	Cs	Ca	Ce
Cs	Cd	Co	Cf	Cr	Ce	Cu	Cl	Ca
Cu	Cf	Ca	Co	Cl	Cs	Ce	Cd	Cr
Ce	Cl	Cr	Ca	Cu	Cd	Cf	Co	Cs

Solutions

Solution to puzzle no 11

Cd	Ce	Co	Ca	Cs	Cf	Cl	Cr	Cu
Cr	Cl	Ca	Co	Cu	Cd	Cs	Cf	Ce
Cu	Cs	Cf	Ce	Cl	Cr	Cd	Co	Ca
Co	Cf	Cs	Cr	Ca	Cu	Ce	Cl	Cd
Cl	Cu	Cr	Cf	Cd	Ce	Co	Ca	Cs
Ca	Cd	Ce	Cl	Co	Cs	Cr	Cu	Cf
Ce	Ca	Cu	Cs	Cr	Cl	Cf	Cd	Co
Cs	Cr	Cd	Cu	Cf	Co	Ca	Ce	Cl
Cf	Co	Cl	Cd	Ce	Ca	Cu	Cs	Cr

Solution to puzzle no 12

Ca	Cf	Co	Ce	Cu	Cl	Cd	Cs	Cr
Cu	Cd	Cl	Cf	Cr	Cs	Ce	Co	Ca
Cs	Ce	Cr	Ca	Cd	Co	Cl	Cf	Cu
Cd	Cr	Cs	Co	Ca	Ce	Cf	Cu	Cl
Cf	Cl	Ca	Cu	Cs	Cd	Cr	Ce	Co
Ce	Co	Cu	Cr	Cl	Cf	Ca	Cd	Cs
Co	Ca	Cd	Cs	Cf	Cr	Cu	Cl	Ce
Cl	Cu	Ce	Cd	Co	Ca	Cs	Cr	Cf
Cr	Cs	Cf	Cl	Ce	Cu	Co	Ca	Cd

Solutions

Solution to puzzle no 13

Cs	Cf	Cl	Cd	Ca	Cu	Co	Ce	Cr
Cd	Co	Cu	Cf	Cr	Ce	Cs	Cl	Ca
Ce	Cr	Ca	Co	Cs	Cl	Cu	Cd	Cf
Cr	Ce	Co	Cs	Cl	Ca	Cf	Cu	Cd
Cf	Ca	Cs	Ce	Cu	Cd	Cl	Cr	Co
Cl	Cu	Cd	Cr	Co	Cf	Ca	Cs	Ce
Ca	Cs	Cr	Cl	Ce	Co	Cd	Cf	Cu
Co	Cd	Ce	Cu	Cf	Cs	Cr	Ca	Cl
Cu	Cl	Cf	Ca	Cd	Cr	Ce	Co	Cs

Solution to puzzle no 14

Cr	Cs	Cu	Co	Cd	Cl	Cf	Ca	Ce
Ca	Co	Ce	Cr	Cf	Cs	Cl	Cd	Cu
Cl	Cf	Cd	Cu	Ca	Ce	Cr	Cs	Co
Ce	Ca	Cr	Cl	Cs	Cd	Cu	Co	Cf
Cu	Cl	Cf	Ce	Co	Ca	Cs	Cr	Cd
Cs	Cd	Co	Cf	Cu	Cr	Ca	Ce	Cl
Cf	Cr	Ca	Cd	Ce	Cu	Co	Cl	Cs
Cd	Cu	Cs	Ca	Cl	Co	Ce	Cf	Cr
Co	Ce	Cl	Cs	Cr	Cf	Cd	Cu	Ca

Solutions

Solution to puzzle no 15

Cf	Cl	Ce	Ca	Co	Cs	Cr	Cd	Cu
Cu	Ca	Cd	Cr	Ce	Cl	Cs	Co	Cf
Co	Cr	Cs	Cd	Cf	Cu	Ce	Ca	Cl
Cs	Cf	Cl	Co	Cd	Cr	Cu	Ce	Ca
Cr	Cu	Co	Cl	Ca	Ce	Cf	Cs	Cd
Cd	Ce	Ca	Cu	Cs	Cf	Cl	Cr	Co
Ca	Cs	Cf	Ce	Cl	Co	Cd	Cu	Cr
Ce	Co	Cr	Cf	Cu	Cd	Ca	Cl	Cs
Cl	Cd	Cu	Cs	Cr	Ca	Co	Cf	Ce

Solution to puzzle no 16

Ce	Ca	Cl	Cd	Cu	Cr	Cs	Co	Cf
Cu	Cf	Cs	Co	Ca	Cl	Cd	Cr	Ce
Co	Cr	Cd	Cs	Ce	Cf	Cu	Cl	Ca
Cl	Ce	Ca	Cu	Co	Cd	Cf	Cs	Cr
Cs	Cu	Cr	Cl	Cf	Ce	Ca	Cd	Co
Cd	Co	Cf	Cr	Cs	Ca	Ce	Cu	Cl
Cr	Cl	Ce	Ca	Cd	Cs	Co	Cf	Cu
Cf	Cd	Co	Ce	Cl	Cu	Cr	Ca	Cs
Ca	Cs	Cu	Cf	Cr	Co	Cl	Ce	Cd

Solutions

Solution to puzzle no 17

Cf	Cu	Cd	Cs	Cl	Cr	Ce	Co	Ca
Cl	Cs	Cr	Ce	Co	Ca	Cu	Cf	Cd
Ca	Ce	Co	Cu	Cd	Cf	Cl	Cr	Cs
Ce	Ca	Cu	Cd	Cf	Cs	Cr	Cl	Co
Cd	Cr	Cf	Co	Cu	Cl	Ca	Cs	Ce
Cs	Co	Cl	Ca	Cr	Ce	Cd	Cu	Cf
Co	Cl	Ce	Cr	Cs	Cd	Cf	Ca	Cu
Cu	Cf	Ca	Cl	Ce	Co	Cs	Cd	Cr
Cr	Cd	Cs	Cf	Ca	Cu	Co	Ce	Cl

Solution to puzzle no 18

Ce	Cf	Cd	Cu	Co	Cl	Cs	Ca	Cr
Cr	Cu	Co	Cs	Cf	Ca	Cl	Ce	Cd
Cs	Cl	Ca	Ce	Cd	Cr	Cu	Cf	Co
Cl	Ca	Cu	Co	Ce	Cd	Cr	Cs	Cf
Co	Cs	Cf	Ca	Cr	Cu	Ce	Cd	Cl
Cd	Cr	Ce	Cl	Cs	Cf	Co	Cu	Ca
Ca	Cd	Cs	Cr	Cl	Ce	Cf	Co	Cu
Cu	Ce	Cr	Cf	Ca	Co	Cd	Cl	Cs
Cf	Co	Cl	Cd	Cu	Cs	Ca	Cr	Ce

Solution to puzzle no 19

Cr	Cs	Ca	Cu	Cf	Co	Cl	Ce	Cd
Ce	Cf	Co	Ca	Cd	Cl	Cs	Cu	Cr
Cu	Cd	Cl	Cs	Ce	Cr	Co	Ca	Cf
Cd	Cr	Cu	Cf	Co	Ce	Ca	Cs	Cl
Cl	Ca	Ce	Cd	Cr	Cs	Cu	Cf	Co
Cs	Co	Cf	Cl	Cu	Ca	Cd	Cr	Ce
Cf	Cl	Cd	Cr	Ca	Cu	Ce	Co	Cs
Co	Cu	Cr	Ce	Cs	Cd	Cf	Cl	Ca
Ca	Ce	Cs	Co	Cl	Cf	Cr	Cd	Cu

Solution to puzzle no 20

Cr	Ce	Co	Cs	Cu	Cf	Cd	Ca	Cl
Cu	Cd	Cs	Cl	Ca	Ce	Cr	Co	Cf
Cl	Ca	Cf	Cd	Cr	Co	Cs	Ce	Cu
Cs	Cl	Ce	Cr	Cf	Ca	Co	Cu	Cd
Co	Cf	Cd	Cu	Cl	Cs	Ce	Cr	Ca
Ca	Cr	Cu	Ce	Co	Cd	Cf	Cl	Cs
Cf	Cu	Cl	Co	Cd	Cr	Ca	Cs	Ce
Ce	Co	Ca	Cf	Cs	Cl	Cu	Cd	Cr
Cd	Cs	Cr	Ca	Ce	Cu	Cl	Cf	Co

Solutions

Solution to puzzle no 21

Cr	Ce	Cs	Cf	Cd	Cl	Co	Cu	Ca
Cd	Ca	Cu	Cs	Ce	Co	Cf	Cr	Cl
Co	Cl	Cf	Cr	Cu	Ca	Cs	Ce	Cd
Ce	Cf	Cr	Ca	Cs	Cd	Cu	Cl	Co
Ca	Cu	Co	Cl	Cf	Ce	Cr	Cd	Cs
Cl	Cs	Cd	Co	Cr	Cu	Ca	Cf	Ce
Cf	Cd	Ce	Cu	Co	Cs	Cl	Ca	Cr
Cs	Cr	Cl	Ce	Ca	Cf	Cd	Co	Cu
Cu	Co	Ca	Cd	Cl	Cr	Ce	Cs	Cf

Solution to puzzle no 22

Cs	Cf	Cr	Cl	Ce	Ca	Cu	Co	Cd
Cl	Cu	Cd	Cs	Co	Cr	Ca	Ce	Cf
Ca	Co	Ce	Cf	Cd	Cu	Cr	Cl	Cs
Cr	Ca	Co	Cd	Cl	Cs	Cf	Cu	Ce
Cd	Cs	Cf	Cu	Ca	Ce	Co	Cr	Cl
Ce	Cl	Cu	Co	Cr	Cf	Cd	Cs	Ca
Cu	Cd	Cl	Ca	Cs	Co	Ce	Cf	Cr
Cf	Cr	Cs	Ce	Cu	Cd	Cl	Ca	Co
Co	Ce	Ca	Cr	Cf	Cl	Cs	Cd	Cu

Solutions

Solution to puzzle no 23

Ca	Co	Cl	Cs	Cd	Cr	Cf	Ce	Cu
Cu	Cs	Cf	Ce	Ca	Co	Cr	Cl	Cd
Cd	Ce	Cr	Cu	Cl	Cf	Co	Ca	Cs
Cl	Cf	Cd	Co	Ce	Ca	Cu	Cs	Cr
Cs	Cr	Ce	Cf	Cu	Cd	Cl	Co	Ca
Co	Cu	Ca	Cr	Cs	Cl	Cd	Cf	Ce
Cr	Cl	Cs	Cd	Cf	Ce	Ca	Cu	Co
Cf	Cd	Cu	Ca	Co	Cs	Ce	Cr	Cl
Ce	Ca	Co	Cl	Cr	Cu	Cs	Cd	Cf

Solution to puzzle no 24

Th	N	S	I	Er	Am	C	Dy	Mo
C	Dy	Am	Th	S	Mo	Er	I	N
Mo	I	Er	N	Dy	C	S	Am	Th
N	Am	I	C	Mo	S	Dy	Th	Er
Dy	Er	C	Am	Th	I	Mo	N	S
S	Th	Mo	Dy	N	Er	Am	C	I
Er	C	Dy	Mo	I	Th	N	S	Am
Am	Mo	Th	S	C	N	I	Er	Dy
I	S	N	Er	Am	Dy	Th	Mo	C

Solutions

Solution to puzzle no 25

Er	Dy	C	I	Mo	Th	N	Am	S
N	Am	Th	Dy	S	C	Mo	Er	I
Mo	I	S	Er	Am	N	Dy	C	Th
C	Mo	N	S	Th	Er	Am	I	Dy
Am	Th	Dy	Mo	N	I	Er	S	C
I	S	Er	C	Dy	Am	Th	N	Mo
S	N	Am	Th	I	Dy	C	Mo	Er
Dy	Er	I	Am	C	Mo	S	Th	N
Th	C	Mo	N	Er	S	I	Dy	Am

Solution to puzzle no 26

S	Er	N	C	Dy	Mo	Am	Th	I
Am	Th	Dy	I	N	S	Mo	Er	C
I	C	Mo	Am	Er	Th	N	Dy	S
C	Mo	Th	Dy	I	Er	S	N	Am
Er	S	I	N	Mo	Am	Th	C	Dy
N	Dy	Am	S	Th	C	Er	I	Mo
Mo	Am	Er	Th	C	Dy	I	S	N
Dy	I	S	Er	Am	N	C	Mo	Th
Th	N	C	Mo	S	I	Dy	Am	Er

Solution to puzzle no 27

N	Am	Mo	Er	Th	I	C	S	Dy
I	C	Dy	S	Mo	N	Er	Am	Th
Er	Th	S	Am	C	Dy	Mo	N	I
S	I	N	Dy	Er	Mo	Th	C	Am
Mo	Er	Th	C	Am	S	Dy	I	N
C	Dy	Am	I	N	Th	S	Mo	Er
Th	S	Er	N	I	C	Am	Dy	Mo
Am	N	C	Mo	Dy	Er	I	Th	S
Dy	Mo	I	Th	S	Am	N	Er	C

Solution to puzzle no 28

N	Dy	I	Er	Th	C	Mo	S	Am
Mo	Am	C	N	Dy	S	Th	I	Er
S	Er	Th	Am	I	Mo	Dy	C	N
C	S	Dy	Mo	Er	N	I	Am	Th
Er	Th	N	C	Am	I	S	Dy	Mo
Am	I	Mo	Th	S	Dy	N	Er	C
Th	N	S	Dy	C	Am	Er	Mo	I
Dy	Mo	Am	I	N	Er	C	Th	S
I	C	Er	S	Mo	Th	Am	N	Dy

Solutions

Solution to puzzle no 29

Am	Dy	C	N	Er	Th	Mo	S	I
Th	N	Mo	S	Am	I	Er	C	Dy
S	I	Er	Dy	Mo	C	Th	Am	N
Mo	Am	I	C	N	Dy	S	Th	Er
C	Th	Dy	Mo	S	Er	I	N	Am
Er	S	N	I	Th	Am	C	Dy	Mo
Dy	Mo	Am	Th	I	S	N	Er	C
I	Er	Th	Am	C	N	Dy	Mo	S
N	C	S	Er	Dy	Mo	Am	I	Th

Solution to puzzle no 30

Dy	Am	Th	I	Er	C	S	N	Mo
Mo	N	C	Dy	Am	S	Th	I	Er
S	I	Er	Mo	N	Th	Am	C	Dy
Th	Dy	Am	S	C	I	Mo	Er	N
N	S	Mo	Er	Th	Dy	I	Am	C
C	Er	I	Am	Mo	N	Dy	S	Th
Er	C	Dy	Th	I	Am	N	Mo	S
Am	Th	N	C	S	Mo	Er	Dy	I
I	Mo	S	N	Dy	Er	C	Th	Am

Solutions

Solution to puzzle no 31

C	Dy	Am	Mo	Er	S	Th	N	I
N	Th	Mo	Am	Dy	I	C	Er	S
I	Er	S	Th	C	N	Mo	Am	Dy
Th	I	Dy	N	S	Mo	Am	C	Er
S	N	Er	Dy	Am	C	I	Mo	Th
Am	Mo	C	I	Th	Er	Dy	S	N
Er	S	Th	C	I	Am	N	Dy	Mo
Dy	C	N	S	Mo	Th	Er	I	Am
Mo	Am	I	Er	N	Dy	S	Th	C

Solution to puzzle no 32

N	S	C	Er	I	Th	Am	Dy	Mo
Er	Mo	Th	N	Dy	Am	S	C	I
I	Dy	Am	C	Mo	S	Er	N	Th
Dy	Am	Er	I	N	C	Mo	Th	S
S	N	Mo	Am	Th	Er	C	I	Dy
Th	C	I	Mo	S	Dy	N	Am	Er
Am	Er	S	Th	C	I	Dy	Mo	N
C	Th	N	Dy	Er	Mo	I	S	Am
Mo	I	Dy	S	Am	N	Th	Er	C

Solution to puzzle no 33

N	S	Mo	Dy	I	Th	Er	C	Am
Th	Am	I	C	Er	Mo	Dy	N	S
Dy	Er	C	S	N	Am	Mo	Th	I
Am	Th	S	Mo	Dy	Er	N	I	C
C	Dy	Er	N	S	I	Th	Am	Mo
Mo	I	N	Th	Am	C	S	Er	Dy
Er	Mo	Th	Am	C	S	I	Dy	N
I	N	Am	Er	Mo	Dy	C	S	Th
S	C	Dy	I	Th	N	Am	Mo	Er

Solution to puzzle no 34

Mo	N	Th	C	Dy	Am	Er	S	I
Dy	I	Am	S	Th	Er	C	Mo	N
S	Er	C	Mo	N	I	Th	Dy	Am
C	Th	S	Am	I	Dy	Mo	N	Er
Er	Dy	Mo	N	S	C	Am	I	Th
I	Am	N	Er	Mo	Th	S	C	Dy
N	C	I	Th	Am	S	Dy	Er	Mo
Th	S	Dy	I	Er	Mo	N	Am	C
Am	Mo	Er	Dy	C	N	I	Th	S

Solutions

Solution to puzzle no 35

Th	Dy	Mo	I	N	Er	C	Am	S
S	N	C	Mo	Dy	Am	Th	I	Er
Er	I	Am	S	Th	C	Mo	Dy	N
Dy	Am	Th	N	Er	Mo	I	S	C
N	Mo	S	Th	C	I	Dy	Er	Am
C	Er	I	Dy	Am	S	N	Th	Mo
Mo	Th	N	Am	S	Dy	Er	C	I
I	S	Er	C	Mo	Th	Am	N	Dy
Am	C	Dy	Er	I	N	S	Mo	Th

Solution to puzzle no 36

Mo	S	I	C	Dy	Am	Th	Er	N
N	Am	C	Er	Th	Mo	I	S	Dy
Dy	Th	Er	N	S	I	Am	C	Mo
S	Er	Th	Am	N	C	Dy	Mo	I
Am	Dy	Mo	Th	I	Er	C	N	S
I	C	N	S	Mo	Dy	Er	Am	Th
C	I	S	Dy	Am	N	Mo	Th	Er
Th	Mo	Am	I	Er	S	N	Dy	C
Er	N	Dy	Mo	C	Th	S	I	Am

Solutions

Solution to puzzle no 37

N	C	Dy	Mo	Th	Er	Am	I	S
Am	Er	Mo	N	I	S	Dy	C	Th
I	S	Th	Am	C	Dy	N	Mo	Er
C	N	S	I	Dy	Am	Er	Th	Mo
Er	Dy	I	Th	Mo	N	C	S	Am
Th	Mo	Am	Er	S	C	I	N	Dy
Mo	Am	Er	C	N	Th	S	Dy	I
S	I	N	Dy	Er	Mo	Th	Am	C
Dy	Th	C	S	Am	I	Mo	Er	N

Solution to puzzle no 38

Dy	S	Mo	I	N	C	Th	Er	Am
N	Er	Am	Mo	S	Th	I	Dy	C
C	I	Th	Er	Dy	Am	N	S	Mo
I	Am	C	Dy	Er	Mo	S	N	Th
Mo	Dy	Er	N	Th	S	Am	C	I
Th	N	S	C	Am	I	Er	Mo	Dy
Er	Mo	N	Am	I	Dy	C	Th	S
Am	Th	Dy	S	C	N	Mo	I	Er
S	C	I	Th	Mo	Er	Dy	Am	N

Solutions

Solution to puzzle no 39

S	C	Mo	Dy	I	Th	N	Am	Er
I	Th	Er	N	Am	C	Dy	S	Mo
Dy	Am	N	Mo	S	Er	Th	C	I
Mo	Er	I	C	N	S	Am	Dy	Th
Th	S	Am	Er	Mo	Dy	I	N	C
C	N	Dy	I	Th	Am	Mo	Er	S
Am	Mo	C	S	Dy	I	Er	Th	N
Er	I	Th	Am	C	N	S	Mo	Dy
N	Dy	S	Th	Er	Mo	C	I	Am

Solution to puzzle no 40

Th	Am	N	I	C	Er	Dy	Mo	S
S	I	Er	Th	Dy	Mo	C	N	Am
Mo	Dy	C	S	Am	N	Er	I	Th
Am	Mo	S	Dy	Er	Th	N	C	I
Er	C	Dy	Am	N	I	S	Th	Mo
I	N	Th	C	Mo	S	Am	Er	Dy
N	S	Mo	Er	I	Dy	Th	Am	C
Dy	Er	Am	Mo	Th	C	I	S	N
C	Th	I	N	S	Am	Mo	Dy	Er

Solutions

Solution to puzzle no 41

Er	Th	Am	Dy	C	N	Mo	I	S
N	S	I	Am	Th	Mo	Dy	C	Er
C	Mo	Dy	S	I	Er	Th	N	Am
Am	Dy	S	Er	N	Th	C	Mo	I
Th	C	Er	I	Mo	S	N	Am	Dy
I	N	Mo	C	Dy	Am	S	Er	Th
S	I	C	Mo	Er	Dy	Am	Th	N
Mo	Am	N	Th	S	I	Er	Dy	C
Dy	Er	Th	N	Am	C	I	S	Mo

Solution to puzzle no 42

Mo	Er	C	Am	Th	Dy	N	S	I
S	Am	Th	N	I	Er	Dy	C	Mo
N	Dy	I	Mo	S	C	Am	Th	Er
C	S	Er	Th	N	Am	Mo	I	Dy
Th	I	N	Dy	Er	Mo	S	Am	C
Am	Mo	Dy	I	C	S	Th	Er	N
Dy	N	S	C	Am	I	Er	Mo	Th
Er	C	Mo	S	Dy	Th	I	N	Am
I	Th	Am	Er	Mo	N	C	Dy	S

Solutions

Solution to puzzle no 43

Er	Dy	I	Th	N	S	Mo	Am	C
Mo	C	Am	Er	I	Dy	Th	S	N
N	S	Th	Am	C	Mo	I	Er	Dy
C	Th	Er	N	S	Am	Dy	I	Mo
Am	N	Mo	Dy	Th	I	Er	C	S
Dy	I	S	C	Mo	Er	N	Th	Am
S	Er	C	I	Dy	N	Am	Mo	Th
Th	Am	N	Mo	Er	C	S	Dy	I
I	Mo	Dy	S	Am	Th	C	N	Er

Solution to puzzle no 44

N	Mo	C	S	I	Am	Dy	Th	Er
S	Am	Dy	N	Er	Th	Mo	C	I
Th	Er	I	C	Mo	Dy	N	Am	S
C	Th	Mo	Am	S	N	I	Er	Dy
I	Dy	S	Er	Th	Mo	C	N	Am
Er	N	Am	Dy	C	I	S	Mo	Th
Am	C	Th	I	N	S	Er	Dy	Mo
Mo	S	Er	Th	Dy	C	Am	I	N
Dy	I	N	Mo	Am	Er	Th	S	C

Solution to puzzle no 45

Th	C	N	I	Am	Dy	Mo	S	Er
Am	S	Mo	Th	Er	C	N	I	Dy
Er	Dy	I	N	Mo	S	Am	Th	C
Mo	N	Am	Dy	S	I	Er	C	Th
I	Er	S	C	Th	Mo	Dy	N	Am
Dy	Th	C	Am	N	Er	S	Mo	I
N	Mo	Dy	Er	C	Th	I	Am	S
S	I	Th	Mo	Dy	Am	C	Er	N
C	Am	Er	S	I	N	Th	Dy	Mo

Solution to puzzle no 46

I	Th	C	N	S	Mo	Am	Er	Dy
Er	Am	Mo	C	Dy	I	S	N	Th
S	Dy	N	Th	Am	Er	C	I	Mo
Th	Er	Dy	I	Mo	S	N	Am	C
C	N	S	Dy	Th	Am	I	Mo	Er
Am	Mo	I	Er	N	C	Th	Dy	S
Mo	S	Th	Am	Er	N	Dy	C	I
Dy	C	Am	Mo	I	Th	Er	S	N
N	I	Er	S	C	Dy	Mo	Th	Am

Solutions

Solution to puzzle no 47

Ti	Re	C	S	Os	Es	Mo	U	Pr
Es	Mo	Pr	Ti	Re	U	S	Os	C
U	S	Os	Mo	C	Pr	Ti	Re	Es
Os	Ti	Re	U	Pr	Mo	Es	C	S
Pr	Es	S	C	Ti	Re	U	Mo	Os
Mo	C	U	Es	S	Os	Re	Pr	Ti
Re	Os	Es	Pr	U	S	C	Ti	Mo
S	Pr	Ti	Re	Mo	C	Os	Es	U
C	U	Mo	Os	Es	Ti	Pr	S	Re

Solution to puzzle no 48

C	Mo	S	Pr	Ti	Es	U	Re	Os
U	Os	Ti	Mo	C	Re	Es	S	Pr
Es	Pr	Re	Os	U	S	Mo	Ti	C
Mo	U	Pr	Re	S	Ti	Os	C	Es
Ti	Es	C	U	Os	Pr	Re	Mo	S
Re	S	Os	Es	Mo	C	Ti	Pr	U
Os	Ti	U	S	Pr	Mo	C	Es	Re
S	C	Es	Ti	Re	U	Pr	Os	Mo
Pr	Re	Mo	C	Es	Os	S	U	Ti

Solutions

Solution to puzzle no 49

Os	U	Re	Pr	C	Ti	S	Mo	Es
C	Mo	Es	Re	S	U	Ti	Os	Pr
Ti	Pr	S	Mo	Es	Os	C	U	Re
S	Os	Mo	C	Ti	Es	Re	Pr	U
Re	Es	Pr	S	U	Mo	Os	C	Ti
U	C	Ti	Os	Re	Pr	Es	S	Mo
Es	Re	C	U	Mo	S	Pr	Ti	Os
Pr	S	U	Ti	Os	Re	Mo	Es	C
Mo	Ti	Os	Es	Pr	C	U	Re	S

Solution to puzzle no 50

Mo	Ti	Re	S	U	Os	Es	Pr	C
Es	C	S	Ti	Re	Pr	U	Mo	Os
U	Pr	Os	C	Mo	Es	Re	S	Ti
Os	Es	Ti	U	Pr	S	Mo	C	Re
Re	Mo	Pr	Os	Es	C	S	Ti	U
S	U	C	Mo	Ti	Re	Os	Es	Pr
Pr	Os	U	Es	C	Mo	Ti	Re	S
Ti	Re	Mo	Pr	S	U	C	Os	Es
C	S	Es	Re	Os	Ti	Pr	U	Mo

Solutions

Solution to puzzle no 51

U	S	C	Ti	Os	Es	Pr	Re	Mo
Re	Pr	Es	S	Mo	C	Os	U	Ti
Mo	Ti	Os	Re	U	Pr	S	C	Es
Os	Re	Ti	C	S	U	Mo	Es	Pr
Es	U	S	Mo	Pr	Re	C	Ti	Os
C	Mo	Pr	Es	Ti	Os	Re	S	U
Pr	C	Re	U	Es	Mo	Ti	Os	S
Ti	Os	U	Pr	Re	S	Es	Mo	C
S	Es	Mo	Os	C	Ti	U	Pr	Re

Solution to puzzle no 52

U	Mo	C	Es	Pr	Os	Ti	S	Re
Re	S	Es	Mo	Ti	U	Os	C	Pr
Ti	Pr	Os	C	Re	S	U	Es	Mo
Pr	U	Re	S	Os	Es	C	Mo	Ti
C	Es	Mo	Pr	U	Ti	Re	Os	S
Os	Ti	S	Re	C	Mo	Pr	U	Es
Mo	C	Ti	Os	S	Pr	Es	Re	U
Es	Os	U	Ti	Mo	Re	S	Pr	C
S	Re	Pr	U	Es	C	Mo	Ti	Os

Solutions

Solution to puzzle no 53

Es	Ti	Pr	C	S	Re	U	Mo	Os
U	Os	S	Es	Ti	Mo	Pr	Re	C
Re	Mo	C	Pr	U	Os	Ti	Es	S
Mo	C	Os	S	Es	U	Re	Pr	Ti
Ti	Re	Es	Mo	C	Pr	S	Os	U
S	Pr	U	Re	Os	Ti	Mo	C	Es
Os	U	Mo	Ti	Re	Es	C	S	Pr
Pr	S	Ti	Os	Mo	C	Es	U	Re
C	Es	Re	U	Pr	S	Os	Ti	Mo

Solution to puzzle no 54

Re	Mo	S	Os	Es	Pr	C	Ti	U
Os	C	Es	U	S	Ti	Pr	Mo	Re
U	Ti	Pr	Mo	C	Re	Es	S	Os
Es	Re	U	Ti	Os	Mo	S	C	Pr
Mo	Os	C	Pr	Re	S	U	Es	Ti
Pr	S	Ti	C	U	Es	Os	Re	Mo
Ti	Es	Mo	S	Pr	U	Re	Os	C
C	U	Re	Es	Ti	Os	Mo	Pr	S
S	Pr	Os	Re	Mo	C	Ti	U	Es

Solutions

Solution to puzzle no 55

C	Re	Pr	S	Mo	Ti	Es	Os	U
Mo	U	Es	Re	C	Os	Ti	Pr	S
S	Os	Ti	Es	U	Pr	C	Mo	Re
Re	C	S	Pr	Ti	U	Mo	Es	Os
Ti	Mo	Os	C	Es	S	U	Re	Pr
Pr	Es	U	Mo	Os	Re	S	C	Ti
U	S	C	Os	Pr	Mo	Re	Ti	Es
Os	Ti	Mo	U	Re	Es	Pr	S	C
Es	Pr	Re	Ti	S	C	Os	U	Mo

Solution to puzzle no 56

Pr	Os	U	C	S	Re	Mo	Ti	Es
Mo	Re	C	Es	Os	Ti	Pr	S	U
S	Ti	Es	Mo	Pr	U	Re	Os	C
Ti	Es	Pr	U	Re	Os	S	C	Mo
C	S	Os	Pr	Mo	Es	U	Re	Ti
U	Mo	Re	S	Ti	C	Os	Es	Pr
Es	C	Mo	Re	U	S	Ti	Pr	Os
Os	Pr	S	Ti	Es	Mo	C	U	Re
Re	U	Ti	Os	C	Pr	Es	Mo	S

Solutions

Solution to puzzle no 57

Es	Pr	Mo	U	S	Re	C	Ti	Os
C	Re	S	Es	Ti	Os	Pr	U	Mo
U	Ti	Os	Pr	C	Mo	Es	Re	S
Mo	S	Es	Ti	Re	C	U	Os	Pr
Ti	Os	C	S	Pr	U	Mo	Es	Re
Pr	U	Re	Os	Mo	Es	S	C	Ti
Re	Mo	Ti	C	U	S	Os	Pr	Es
S	Es	U	Re	Os	Pr	Ti	Mo	C
Os	C	Pr	Mo	Es	Ti	Re	S	U

Solution to puzzle no 58

S	Pr	Ti	C	Os	Es	Re	Mo	U
Es	Mo	Re	U	S	Pr	Os	Ti	C
C	Os	U	Re	Mo	Ti	Es	Pr	S
Re	C	Mo	Pr	Ti	U	S	Os	Es
Ti	S	Es	Os	Re	Mo	C	U	Pr
Pr	U	Os	S	Es	C	Mo	Re	Ti
Mo	Re	Pr	Es	U	S	Ti	C	Os
U	Ti	S	Mo	C	Os	Pr	Es	Re
Os	Es	C	Ti	Pr	Re	U	S	Mo

Solutions

Solution to puzzle no 59

Mo	Ti	Os	C	S	Es	Pr	U	Re
Re	Pr	U	Mo	Ti	Os	Es	C	S
S	Es	C	Pr	Re	U	Ti	Os	Mo
Os	C	Mo	U	Pr	Re	S	Es	Ti
Pr	U	S	Ti	Es	Mo	Os	Re	C
Es	Re	Ti	Os	C	S	Mo	Pr	U
C	Mo	Es	S	U	Pr	Re	Ti	Os
Ti	S	Pr	Re	Os	C	U	Mo	Es
U	Os	Re	Es	Mo	Ti	C	S	Pr

Solution to puzzle no 60

S	Es	U	Mo	C	Ti	Pr	Os	Re
Ti	Os	Re	S	Pr	Es	C	U	Mo
C	Pr	Mo	Os	U	Re	Es	Ti	S
Pr	U	Es	Re	Ti	S	Os	Mo	C
Os	Mo	S	U	Es	C	Re	Pr	Ti
Re	C	Ti	Pr	Mo	Os	U	S	Es
Es	Re	Pr	Ti	Os	Mo	S	C	U
U	Ti	C	Es	S	Pr	Mo	Re	Os
Mo	S	Os	C	Re	U	Ti	Es	Pr

Solutions

Solution to puzzle no 61

Os	Mo	Re	U	Ti	Pr	C	Es	S
C	Pr	S	Mo	Es	Re	Os	Ti	U
U	Es	Ti	S	Os	C	Pr	Mo	Re
Pr	Ti	Os	Es	C	S	Re	U	Mo
Mo	S	U	Os	Re	Ti	Es	C	Pr
Es	Re	C	Pr	Mo	U	Ti	S	Os
Re	U	Pr	Ti	S	Es	Mo	Os	C
Ti	C	Mo	Re	U	Os	S	Pr	Es
S	Os	Es	C	Pr	Mo	U	Re	Ti

Solution to puzzle no 62

S	Re	Es	Pr	Mo	Ti	Os	U	C
Os	Mo	U	C	Re	Es	S	Ti	Pr
Pr	C	Ti	U	S	Os	Es	Mo	Re
C	Pr	Re	Ti	U	S	Mo	Es	Os
U	Ti	Os	Mo	Es	Re	Pr	C	S
Es	S	Mo	Os	C	Pr	Ti	Re	U
Ti	Os	C	Re	Pr	Mo	U	S	Es
Re	Es	Pr	S	Ti	U	C	Os	Mo
Mo	U	S	Es	Os	C	Re	Pr	Ti

Solutions

Solution to puzzle no 63

C	U	Re	Pr	Es	S	Os	Mo	Ti
Mo	Es	Os	Ti	C	Re	U	Pr	S
Ti	S	Pr	Os	Mo	U	C	Re	Es
U	Mo	Ti	C	S	Es	Pr	Os	Re
Es	Os	C	Re	U	Pr	S	Ti	Mo
Re	Pr	S	Mo	Ti	Os	Es	U	C
Os	C	U	Es	Re	Ti	Mo	S	Pr
Pr	Re	Es	S	Os	Mo	Ti	C	U
S	Ti	Mo	U	Pr	C	Re	Es	Os

Solution to puzzle no 64

Os	C	Ti	Es	Re	Mo	Pr	U	S
Mo	Re	S	Pr	U	Os	Ti	Es	C
U	Pr	Es	S	C	Ti	Os	Re	Mo
Ti	Os	Re	Mo	Es	C	S	Pr	U
Es	U	C	Os	Pr	S	Mo	Ti	Re
Pr	S	Mo	Re	Ti	U	C	Os	Es
C	Es	U	Ti	S	Pr	Re	Mo	Os
S	Ti	Os	U	Mo	Re	Es	C	Pr
Re	Mo	Pr	C	Os	Es	U	S	Ti

Solutions

Solution to puzzle no 65

Es	Ti	S	U	Pr	C	Os	Mo	Re
C	Mo	Pr	Ti	Os	Re	U	Es	S
Os	U	Re	S	Es	Mo	Ti	C	Pr
Re	S	C	Pr	Mo	Os	Es	Ti	U
Ti	Pr	Mo	Es	U	S	Re	Os	C
U	Os	Es	Re	C	Ti	Pr	S	Mo
Pr	C	U	Os	S	Es	Mo	Re	Ti
S	Es	Ti	Mo	Re	Pr	C	U	Os
Mo	Re	Os	C	Ti	U	S	Pr	Es

Solution to puzzle no 66

Pr	Ti	C	U	Re	Os	S	Es	Mo
Re	Os	U	S	Es	Mo	C	Ti	Pr
Mo	S	Es	Ti	C	Pr	U	Re	Os
Os	U	Pr	Es	Ti	Re	Mo	S	C
Es	Re	S	C	Mo	U	Pr	Os	Ti
C	Mo	Ti	Pr	Os	S	Re	U	Es
U	C	Re	Os	Pr	Ti	Es	Mo	S
S	Es	Os	Mo	U	C	Ti	Pr	Re
Ti	Pr	Mo	Re	S	Es	Os	C	U

Solutions

Solution to puzzle no 67

Pr	Es	S	C	Mo	Os	U	Re	Ti
U	Mo	Ti	Es	Re	S	Pr	C	Os
C	Re	Os	U	Ti	Pr	Mo	Es	S
Re	U	C	S	Os	Ti	Es	Mo	Pr
S	Pr	Es	Mo	U	Re	Ti	Os	C
Ti	Os	Mo	Pr	Es	C	S	U	Re
Os	Ti	U	Re	S	Mo	C	Pr	Es
Mo	C	Re	Ti	Pr	Es	Os	S	U
Es	S	Pr	Os	C	U	Re	Ti	Mo

Solution to puzzle no 68

Pr	C	U	Ti	Os	S	Es	Re	Mo
Es	S	Re	U	C	Mo	Pr	Ti	Os
Ti	Os	Mo	Pr	Re	Es	C	U	S
Os	Re	Es	C	Ti	U	Mo	S	Pr
S	U	Ti	Mo	Pr	Os	Re	Es	C
C	Mo	Pr	S	Es	Re	Ti	Os	U
Re	Pr	S	Os	Mo	Ti	U	C	Es
U	Es	C	Re	S	Pr	Os	Mo	Ti
Mo	Ti	Os	Es	U	C	S	Pr	Re

Solutions

Solution to puzzle no 69

Mo	Es	S	C	Os	Pr	Re	U	Ti
Os	Ti	Pr	Re	S	U	Mo	C	Es
Re	U	C	Ti	Es	Mo	Os	S	Pr
Es	Pr	Os	S	Re	Ti	U	Mo	C
S	C	Ti	Mo	U	Os	Pr	Es	Re
U	Re	Mo	Es	Pr	C	Ti	Os	S
Pr	S	Es	U	Mo	Re	C	Ti	Os
Ti	Os	U	Pr	C	S	Es	Re	Mo
C	Mo	Re	Os	Ti	Es	S	Pr	U

Solution to puzzle no 70

^{124}Xe	^{134}Xe	^{129}Xe	^{130}Xe	^{136}Xe	^{132}Xe	^{126}Xe	^{131}Xe	^{128}Xe
^{136}Xe	^{132}Xe	^{128}Xe	^{126}Xe	^{129}Xe	^{131}Xe	^{130}Xe	^{124}Xe	^{134}Xe
^{126}Xe	^{131}Xe	^{130}Xe	^{128}Xe	^{124}Xe	^{134}Xe	^{136}Xe	^{132}Xe	^{129}Xe
^{129}Xe	^{124}Xe	^{126}Xe	^{131}Xe	^{128}Xe	^{130}Xe	^{134}Xe	^{136}Xe	^{132}Xe
^{134}Xe	^{136}Xe	^{131}Xe	^{132}Xe	^{126}Xe	^{129}Xe	^{128}Xe	^{130}Xe	^{124}Xe
^{128}Xe	^{130}Xe	^{132}Xe	^{124}Xe	^{134}Xe	^{136}Xe	^{129}Xe	^{126}Xe	^{131}Xe
^{130}Xe	^{128}Xe	^{136}Xe	^{129}Xe	^{131}Xe	^{124}Xe	^{132}Xe	^{134}Xe	^{126}Xe
^{131}Xe	^{129}Xe	^{134}Xe	^{136}Xe	^{132}Xe	^{126}Xe	^{124}Xe	^{128}Xe	^{130}Xe
^{132}Xe	^{126}Xe	^{124}Xe	^{134}Xe	^{130}Xe	^{128}Xe	^{131}Xe	^{129}Xe	^{136}Xe

Solutions